Margret Koers

Das weihnachtliche Töpferbuch

frechverlag

Weihnachts-stern-Leuchter

Abbildung Seite 1

Ton: schwarz
Glasuren:
untere Blätter: hellgrün
obere Blätter: perlmuttweiß

Der Kerzenleuchter läßt sich schnell und einfach töpfern; er ist daher besonders gut für Anfänger geeignet. Sie benötigen echte Weihnachtssternblätter, um Abdrücke herstellen zu können. Die Anleitung dazu finden Sie auf Seite 16.
Ordnen Sie zunächst die unteren Blätter an. In der Mitte wird der Ton mit einem Modellierstäbchen verstrichen. Die oberen Blätter werden nun anhand der Beschreibung auf Seite 4/5 aufgesetzt und gut angeschlickert.

Fotos: frechverlag GmbH + Co. Druck KG, 70499 Stuttgart; Fotostudio Pobandt, Haselünne

Auflage: 5. 4. 3. 2. 1. | Letzte Zahlen
Jahr: 1999 98 97 96 95 | maßgebend

1995

frechverlag GmbH + Co. Druck KG, 70499 Stuttgart

ISBN 3-7724-1974-7 · Best.-Nr. 1974

Druck: frechverlag GmbH + Co. Druck KG, 70499 Stuttgart

In meinem siebten Töpferbuch finden Sie zahlreiche Anregungen für weihnachtliche Keramik.

Verwenden Sie am besten Glasuren in erdigen Naturfarben, denn sie harmonieren besonders gut mit Tannengrün und Kerzenschein.

Zaubern Sie Weihnachtsstimmung in Ihre Wohnung – mit einer Sternschale für Zimtsterne und Nüsse, einem Weihnachtsstern-Leuchter, dekorativen Nikolaus- und Schneemannsteckern sowie Christbaumschmuck. Und während sich Ihre Kinder am Adventskalender erfreuen, verströmt die Aromalampe ihren würzigen Duft.

Zeichnungen und Anleitungsfotos erleichtern Ihnen das Nacharbeiten der einzelnen Modelle. Und bestimmt kommen Ihnen beim Töpfern eigene, neue Ideen. Denn die Motive können auch nach Ihren Vorstellungen verändert werden.

Viel Freude beim Modellieren und eine besinnliche Weihnachtszeit wünscht Ihnen

Ihre Margret Koers

Was brauchen Sie?

Eine Tonrolle, zwei verschiedene Modellierhölzchen und ein Töpfermesser, Ton in der gewünschten Farbe und ein saugfähiges Holzbrett sind die wichtigsten Werkzeuge und Materialien.
Sie können auch auf glattem Zeitungspapier arbeiten, sollten es aber mehrmals erneuern, weil es schnell feucht und wellig wird und dann klebt.
Küchenutensilien wie Backrolle und Kartoffelmesser sind ebenfalls brauchbar.
Echte Blätter, stark strukturiertes Gewebe oder Baumrinde eignen sich gut für Abdrücke.

Mit einem Strohhalm oder Metallröhrchen aus dem Baumarkt können Sie Löcher stechen, mit einer Schüssel runde Platten leicht eindrücken und dann mit einem Messer ausschneiden. Stellen Sie zwei Schälchen mit Wasser und Schlicker bereit.

Die Wahl der Tonfarbe

In diesem Buch habe ich weißen, schwarzen, überwiegend jedoch roten Ton verwendet. Wenn Sie Ton kaufen, sollten Sie beachten, daß sich die Glasuren je nach Tonfarbe verändern (siehe Foto Seite 5).
Roter Ton wirkt besonders warm und gefällt mir persönlich am besten für die Weihnachtstöpferei.
Natürlich können Sie auch eine andere Farbe wählen oder (wie auf Seite 12) zwei Sorten verwenden.

Wie fangen Sie an?

Trennen Sie mit einer speziellen Schlinge oder einem dicken Draht eine entsprechende Menge Ton ab. Mittlerweile ist der Ton oft so aufbereitet, daß er nicht mehr geschlagen werden muß. Fragen Sie beim Einkauf vorsichtshalber nach.
Mit der Ton- oder Backrolle können Sie nun eine ca. 0,7 cm bis 1 cm dicke Platte ausrollen. Wenn sich Luftblasen bilden, stechen Sie diese am besten mit einer Nadel auf.

Bei der „Würstchen-Technik" wird Rolle für Rolle aufgeschichtet – z. B. für Gefäße und Figuren. Achten Sie dabei auf eine gleichmäßige Wandstärke, die niemals dicker als 2 cm sein sollte. Figuren müssen hohl sein und ein „Luftloch" haben.

Das sollten Sie noch beachten

- Immer, wenn Ton zusammen- oder angesetzt wird, muß geschlickert werden. Schlicker ist ein Gemisch aus Ton und Wasser und dient als „Klebstoff"; rauhen Sie die Kontaktstellen vorher auf.
- Wenn Sie etwas aus Ihrer Tonplatte ausschneiden, halten Sie das Messer am besten senkrecht. Unebenheiten lassen sich mit dem Finger oder Modellierhölzchen glätten.
  Wenn Sie dabei Wasser benutzen und das Teil später nicht glasiert wird, können bei schwarzem und rotem Ton Flecken zurückbleiben.
- Durch Wasserverdunstung schwindet Ton beim Trocknen und Brennen ein wenig; dadurch verändern sich die Maße ein wenig.

Trocknen und Rohbrand

Das bereits erwähnte Holzbrett eignet sich gut als Unterlage beim Trocknen. Vermeiden Sie Heizungsnähe und Sonnenlicht! Die Raumtemperatur sollte maximal 18 °C betragen.
Dünne Teile lassen sich mit einer Plastikfolie (etwa 3 Tage lang) vor zu schnellem Trocknen schützen.
Nach ein bis zwei Wochen können Sie das Getöpferte bei 960 °C brennen.
Wenn Sie keinen Brennofen besitzen, fragen Sie bitte in Ihrem Fachgeschäft nach einem Brennservice.
Eine Alternative bietet lufttrocknender Terracotta-Ton von Hobbidee. Beachten Sie dazu den Hinweis auf Seite 6.

Richtig glasieren!

Das Glasieren ist immer wieder spannend! Ich experimentiere gerne mit selbstgefertigten Probeplättchen, die dreiteilig sind und aus weißem, schwarzem und rotem Ton bestehen. Auf dem Foto auf Seite 5 erkennen Sie, wie unterschiedlich die Glasuren auf der jeweiligen Tonfarbe wirken. Fragen Sie dazu beim Kauf nach Farbtafeln!

Wenn Sie große Gegenstände anfertigen, das Teil eintauchen möchten oder wenn Sie häufig glasieren, können Sie Glasurpulver verwenden, das nach Anleitung gerührt wird.

Ich benutze gerne Fertigglasuren der Firmen Welte (2 x auftragen) und Duncan (3 x auftagen), die bei richtiger Anwendung gut gelingen und auch in diesem Buch Verwendung fanden.

Legen Sie verschiedene Pinselgrößen - vom Borsten- bis zum feinen Haarpinsel - bereit.

Der Pinsel sollte leicht feucht, aber nicht naß sein. Das Getöpferte nie an den Stellen glasieren, die später im Brennofen aufliegen, denn diese Flächen würden trotz spezieller „Füßchen" festbrennen.

Die in diesem Buch vorgestellten Glasuren habe ich bei 1040 °C eingebrannt. Folgendes sollten Sie unbedingt beachten: Glasuren sollten nicht eingeatmet werden; vermeiden Sie beim Glasieren Essen und Trinken!

Glasuren für Geschirr dürfen nicht bleihaltig sein. Auf den Verpackungen finden Sie entsprechende Hinweise. Benutzen Sie im Zweifelsfall Mundschutz und Handschuhe. Halten Sie Glasuren vor allem von kleinen Kindern fern.

Die Alternative - Terracotta-Ton

Terracotta-Ton von Hobbidee hat eine rötliche Farbe, ist lufttrocknend, umweltfreundlich und läßt sich sehr fein modellieren. Er bietet sich besonders für Kinder an oder wenn Sie keine Brennmöglichkeit haben.

Jedes Teil in diesem Buch (außer der Aromalampe) läßt sich aus Terracotta-Ton modellieren, mit Bastelfarbe bemalen und lackieren.

Sie können nach den jeweiligen Anleitungen vorgehen. Das Material wird nach einigen Tagen - je nach Stärke - an der Luft hart; lediglich dünne Teile sollten Sie vorsichtig behandeln.

Terracotta-Ton ist nicht wasserdicht.

Die Inhaltsstoffe:

Naturbelassenes Porzellan und Tonmehle (Kaoline und Spat), Zellulose und modifizierte Zellulose, naturidentischer Aromastoff und Wasser (keine Konservierungsstoffe).

Als Anregung möchte ich Ihnen mein Buch „Töpfern mit Kindern - Ton und Terracotta-Ton" aus der TOPP-Reihe empfehlen.

Sternleuchter und Schneemänner

Abbildung Seite 7

Ton: schwarz
Glasuren:
Stern: steingrau
Hut: perlmuttweiß
Nase: wine

Fertigen Sie aus Tonkarton zunächst eine Stern-Schablone in beliebiger Größe an (nach dem Muster auf Seite 30). Legen Sie die Schablone auf eine ausgerollte Tonplatte, und schneiden Sie das Motiv exakt aus.
Die Kerzenhalterung wird aus einem 1 cm breiten Streifen geformt. Die Schneemänner werden separat modelliert.
Beginnen Sie mit dem Bauch (maximal 2 cm Durchmesser), und setzen Sie nacheinander Arme, Kopf, Hut und Nase an.
Nach dem Brennen können Sie die Figuren auf den Schweif stellen oder festkleben.

Mobile „Dorf“

Ton: rot
Glasuren:
Berge und Stern: perlmuttweiß
Häuser und Kirche: wine
Dächer und Glocken: monterey Jade

Zeichnen Sie zunächst das gewünschte Motiv mit einem Modellierhölzchen auf der Tonplatte leicht vor. Sie können auch eine Zeichnung auf Papier anfertigen und die Linien durchdrükken. Nun wird alles noch einmal gleichmäßig nachgezogen und alles Überflüssige weggeschnitten.
Bitte denken Sie daran, mit einem Strohhalm Löcher auszustechen.

Engel

Ton: rot
Glasuren:
Haare, Stiefel: manganbraun
Flügel, Sterne: perlmuttweiß
Kleid: stahlblau
Schleife, Saum, Wangen, Mund: wine

Fertigen Sie den Engel auf die gleiche Weise wie das Mobile auf Seite 8/9 an. Er hält ein Lederbändchen mit vielen kleinen, aufgefädelten Ton-Herzen in seinen Händen.

Bitte beachten Sie bei allen Motiven die wichtigen Informationen auf den Seiten 4 , 5 und 6.

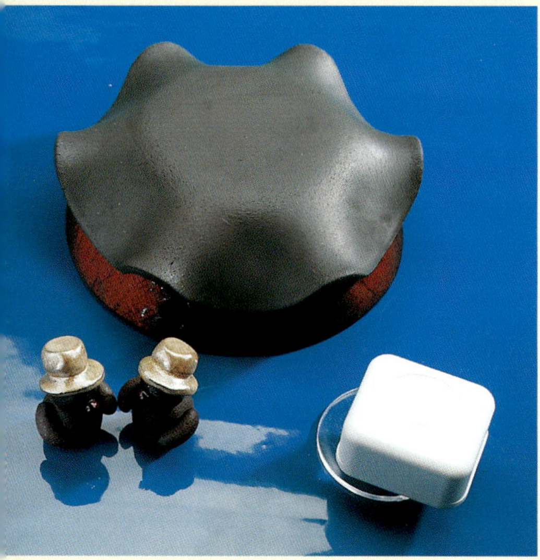

Ton: Plattform: schwarz
Zweige und Tannenbaum: weiß
Glasur: malachit

Spieldose

Die Plattform für eine Spieldose läßt sich ganz einfach anfertigen: Eine runde Tonscheibe mit 17 cm Durchmesser wird auf ein umgedrehtes, mit einem Damenstrumpf bezogenes Schälchen gelegt und leicht in Form gedrückt (einige Tage so trocknen lassen, dann vorsichtig abnehmen).
Die Tannenzweige sind aufgelegt; der Baum, der in der Mitte hohl ist und ein Luftloch hat, wird Stück für Stück aus eingeschnittenen Streifen zusammengesetzt.
Damit Sie problemlos glasieren können, werden die Schneemänner laut Anleitung auf Seite 8 gesondert modelliert und später aufgeklebt.
Die Spieldose, die z. B. in Spielwarenläden oder im Töpfer-Fachhandel erhältlich ist, wird ebenfalls mit Klebstoff befestigt. Sie können zwischen zahlreichen Melodien beliebter Weihnachts- und Kinderlieder oder Volksweisen wählen.

Christbaumschmuck

Kleine Figuren aus rotem Ton wirken besonders hübsch als Christbaumschmuck, an Zweigen in einer Vase oder als Geschenkanhänger.
Übertragen Sie die Motive auf ein Blatt Papier, drücken Sie die Linien durch, ziehen Sie diese noch einmal nach, und schneiden Sie die Figur aus. Vergessen Sie nicht das Loch, um die Figuren aufhängen zu können. Ziehen Sie zuletzt ein schmales Bändchen von etwa 30 cm Länge durch das Loch.

Kombinieren Sie folgende Glasuren: perlmuttweiß, wine, stahlblau, mangan-braun und monterey Jade.

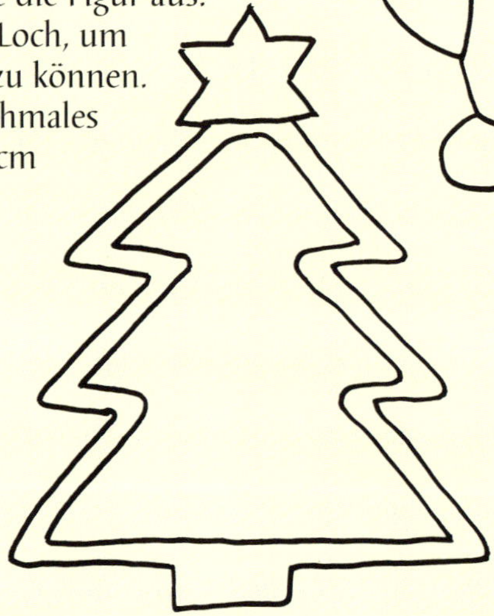

Kerzenteller

Ton: rot
Glasur: kupfergrün

Der große Kerzenteller besteht aus einer runden Tonplatte mit ca. 40 cm Durchmesser, die ich auf einen mit Strumpfgewebe bewickelten Styroporring gelegt habe. So entstehen der gewölbte Rand und die Vertiefung in der Mitte, die Platz für vier versetzte Kerzenhalter bietet.

Blattabdrücke

Rollen Sie einen Klumpen Ton gleichmäßig aus. Achten Sie darauf, daß sich keine Luftblasen bilden (gegebenenfalls mit einer Nadel aufstechen).
Viele Blätter eignen sich für Abdrücke: besonders schön sind Geranienblätter oder – wie hier – Weihnachtssternblätter.
Nach dem Auflegen leicht andrücken, dann rollen Sie einfach darüber. Nun das Blatt vorsichtig abnehmen, ausschneiden und die Ränder glätten. Beim Aufsetzen nach Anleitung auf Seite 5 „schlickern".

Auf dem Foto links zeige ich Ihnen, wie leicht es ist, Blattabdrücke herzustellen. Ein Blatt – hier vom Weihnachtsstern – kann mehrmals verwendet werden.

Ton: weiß
Glasur: perlmuttweiß

Potpourri-Schale/ Bonbonniere

Die festliche, perlmuttweiße Glasur macht aus dieser vielseitigen Schale ein willkommenes Geschenk!
Ein ausgerolltes Rechteck aus Ton wird an den Enden in Falten gelegt und zusammengedrückt.
Die Schleifen bestehen aus vielen Einzelteilen, die mit Schlicker zusammengefügt werden.
Biegen Sie abschließend die Ränder der Schale leicht nach außen. Sollten sich Risse bilden, glätten Sie den Ton mit ein wenig Wasser. Flecken sind in diesem Fall nicht zu befürchten, da weißer Ton verwendet und die Schale komplett glasiert wird.

Adventskalender – einmal anders!

Ton: rot
Glasuren:
Schneemann, Schnee: winterweiß
Nase, Schal: wine
Sterne: perlmuttweiß
Tannenbäume: monterey Jade
Vögel, Hut: goldbraun

Gestalten Sie das Wandbild nach Ihren Vorstellungen – hier habe ich eine Winterlandschaft mit Tannenbäumen, Schneemann, Sternen und Vögelchen gewählt.
Das Original ist 17 x 30 cm groß; Sie können die Zeichnung unten beliebig vergrößern.
Zeichnen Sie mit einem Modellierhölzchen alle Linien nach; 24 Löcher für die Säckchen nicht vergessen, plus zwei für den Aufhänger.
Sie benötigen für die Säckchen jeweils 10 x 7,5 cm Stoff und jeweils 45 cm bzw. 55 cm Band.

Schneemann und Nikolaus

Die beiden winterlichen Figuren bilden ganz bestimmt einen tollen Blickfang vor Ihrer Haustür. Ich habe sie beispielsweise in einen Topf mit Tannenzweigen gesteckt.
Auch der Engel von Seite 11 eignet sich gut dafür. Wie flache Figuren hergestellt werden, habe ich Ihnen schon an einigen Beispielen gezeigt. Besonders wichtig sind die exakt gezogenen Linien, damit die Glasuren nicht ineinanderlaufen.
Auf der Rückseite wird in Form eines Rechtecks eine Halterung angebracht. Der Holzstab wird später in diese Halterung geklebt.

Variante: Hängen Sie die Figuren an einem Lederbändchen auf.

Ton: rot
Glasuren für den Schneemann:
Körper: perlmuttweiß
Hut, Augen, Mund, Knöpfe: Regenbogen lüster
Stern mit Stab: stahlblau
Nase: wine
Glasuren für den Nikolaus:
Mantel, Mütze, Nase: wine
Strümpfe, Gürtel: stahlblau
Pelzbesatz, Bart: perlmuttweiß
Augen, Sack, Stiefel: Regenbogen lüster

Aromalampe

Ton: weiß
Glasur: stahlblau

Auf dem Foto links erkennen Sie deutlich den „Unterbau": auf eine runde Tonplatte mit 9,5 cm Durchmesser werden zwei Seitenwände, die ca. 5 cm x 11,5 cm groß und mit Löchern versehen sind, gesetzt.
Die Ecken habe ich leicht abgewinkelt. Einige Kügelchen dekorieren die Seiten. Alles gut anschlickern.
Die Schale muß eine gewisse Tiefe haben, um genügend Wasser aufzunehmen. Rollen und schneiden Sie dazu eine Tonplatte aus (14 cm Durchmesser), und stülpen Sie diese über eine mit einem Strumpf bezogene Styroporkugel (7 cm Durchmesser).
Die Kugel setzen Sie am besten wie auf dem Foto auf ein Gefäß ohne Henkel. So können Sie die Schale, die später umgedreht wird, in Form drücken.

Tip:

Reine ätherische Öle sind in großer Auswahl erhältlich, z.B. in Kunstgewerbeläden oder in Reformhäusern.
Achten Sie auf eine gute Qualität; Aromaöle wirken wie Balsam auf die Seele.
Im Buchhandel finden Sie entsprechende Literatur (siehe M. Koers: „Der Vitalis-Plan, Wege zum Wohlfühlgewicht", Kapitel über Aromaöle).

Bergamotte

Pferdchen

Ton: rot
Glasuren:
Mähne, Schweif, Augen, Nüstern: manganbraun
Augenweiß, Stern, Halfter: perlmuttweiß
Unterteil: perlmuttweiß und stahlblau
Sattel: wine

Legen Sie eine Kopie der Zeichnung auf eine ausgerollte Tonplatte, ziehen Sie mit einem Modellierhölzchen die Linien nach, und nehmen Sie das Blatt wieder ab.
Nachdem Sie alle Linien noch einmal sorgfältig eingedrückt haben, können Sie das Pferdchen ausschneiden und die Ränder mit leichtem Fingerdruck glattstreichen.

Sternschale

Ton: schwarz
Glasur: steingrau

Die Zeichnung zeigt exakt die Hälfte der Sternschale, setzen Sie daher die andere Seite einfach gegengleich an. Eine ausgerollte Tonplatte in Sternform erhält einen ca. 3 cm hohen Rand. Arbeiten Sie dabei in Etappen mit zwei bis drei Tonstreifen. Gut anschlickern, außen und innen verstreichen.
Zum besseren Halt habe ich abschließend eine ca. 1 cm dicke Tonrolle an der inneren Ansatzstelle des Randes gleichmäßig verstrichen.

Sie können die Schale beliebig vergrößern. Sie eignet sich für Gebäck, Nüsse, Potpourri oder als Kerzenteller.

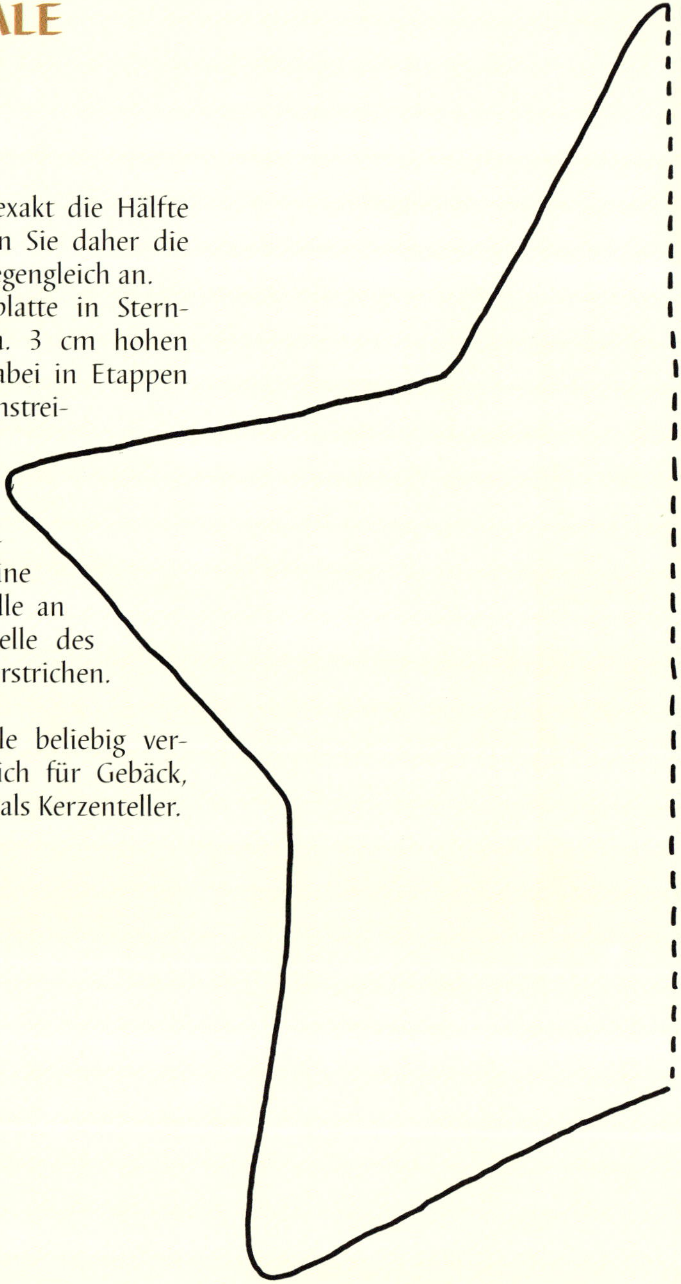

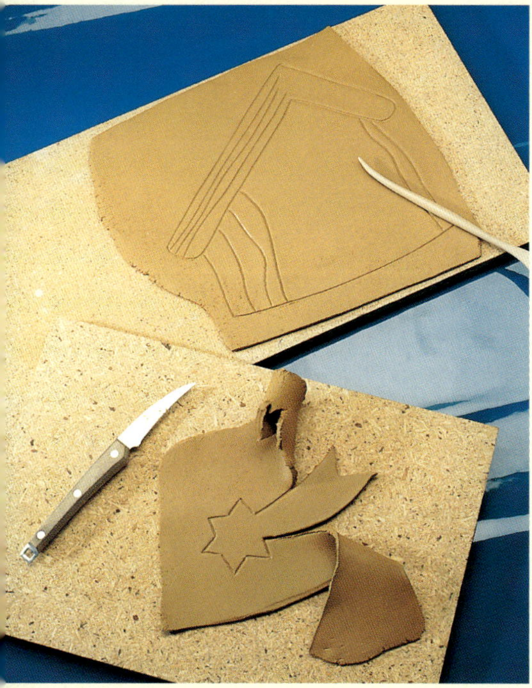

Krippenbild

Zum Weihnachtsfest gehört eine Krippe – und dieses Wandbild gelingt selbst Anfängern!
Wie bereits beschrieben, wird eine Tonplatte ausgerollt, werden alle Linien vorgezeichnet und der „Stall“ rundum ausgeschnitten.
Der große Stern, das Stroh (mit einem Modellierhölzchen strukturiert) und das Schäfchen aus vier Einzelteilen werden mit Schlicker aufgesetzt.
Das „Fell“ entsteht durch Eindrücken mit einem Hölzchen.
Wenn Sie einzelne Krippenfiguren modellieren möchten, schauen Sie sich bitte den Schäfer auf Seite 32 an. Alle Figuren werden nach dem gleichen Prinzip gearbeitet.

Ton: rot
Glasuren:
Stall, Körper des Christkinds, Bart und Haare: manganbraun
Schäfchen, Sterne, Heiligenscheine, Wickelbänder: perlmuttweiß
Stroh: kupfergrün
Marias Kleidung: stahlblau und malachit
Josefs Kleidung: kupfergrün und malachit

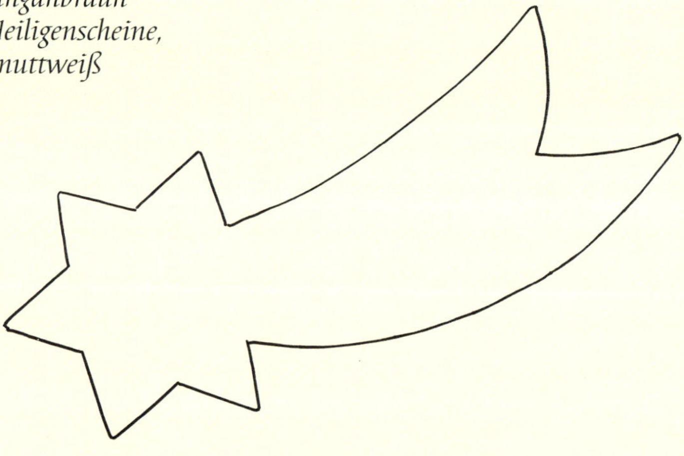

Schäfer mit seiner Herde

Nun bin ich am Ende meines Buches angelangt und würde mich freuen, wenn die Weihnachtsstimmung, die auf den Fotos zum Ausdruck kommt, Sie angesteckt hat.
Mit einem kleinen Schäfer und seiner Herde möchte ich mich verabschieden.

Alle Figuren bestehen aus Einzelteilen, die mit Schlicker „aneinandergeklebt" werden. Die Teile dürfen nie dicker als 2 cm sein. Den Körper habe ich daher von unten ausgehöhlt.
Mit einem Modellierhölzchen können Sie Strukturen andeuten.
Nach dem Brennen wurde der weiße Ton mit Braunstein behandelt.
Das dunkle Pulver wird – sehr stark mit Wasser verdünnt – aufgetragen und sofort mit einem feuchten Tuch wieder abgerieben. So entstehen Schattierungen; Braunstein wird wie Glasur eingebrannt.